技工院校一体化课程教学改革电气自动化设备安装与维修专业教材

低压配电线路
设计、安装与维护

人力资源和社会保障部教材办公室组织编写

中国劳动社会保障出版社

内容简介

本书主要包括单台设备电源线路的安装、成组设备用电线路的安装、车间用电线路的设计、住宅电气线路的设计与安装、低压配电线路的维修与改造5个学习任务。

图书在版编目(CIP)数据

低压配电线路设计、安装与维护/人力资源和社会保障部教材办公室组织编写. —北京：中国劳动社会保障出版社，2014

技工院校一体化课程教学改革电气自动化设备安装与维修专业教材

ISBN 978-7-5167-1454-6

Ⅰ.①低… Ⅱ.①人… Ⅲ.①低电压-配电线路-安装-技工学校-教材②低电压-配电线路-维修-技工学校-教材 Ⅳ.①TM726.2

中国版本图书馆CIP数据核字(2014)第210864号

中国劳动社会保障出版社出版发行

（北京市惠新东街1号　邮政编码：100029）

*

北京市艺辉印刷有限公司印刷装订　新华书店经销

787毫米×1092毫米　16开本　7.25印张　129千字

2014年9月第1版　2017年7月第2次印刷

定价：15.00元

读者服务部电话：（010）64929211/64921644/84626437

营销部电话：（010）64961894

出版社网址：http://www.class.com.cn

技工院校一体化课程教学改革教材编委会名单

编审人员

主　编：张冬柏

副主编：戴成增

参　编：史　屹　王贵忠　张　敏

顾　问：朱永亮　张利芳　张晓梅

■序

人才是我国经济社会发展的第一资源，技能人才是人才队伍的重要组成部分。党中央、国务院高度重视技能人才队伍建设工作，2009 年 12 月，胡锦涛总书记在视察珠海市高级技工学校时指出："没有一流的技工，就没有一流的产品"、"技能型人才在推进自主创新方面具有不可替代的重要作用"。技工院校是系统培养技能人才的重要基地。多年来，技工院校始终紧紧围绕国家经济发展和劳动者就业，以满足经济发展和企业对技术工人的需求为办学宗旨，形成了鲜明的办学特色，为国家培养了大批生产一线技能劳动者和后备高技能人才。

当前，我国处于全面建设小康社会的关键时期，随着加快转变经济发展方式、推进经济结构调整以及大力发展高端制造产业等新兴战略性产业，迫切需要加快培养一大批具有精湛技能和高超技艺的技能人才。为了遵循技能人才成长规律，切实提高培养质量，进一步发挥技工院校在技能人才培养中的基础作用，从 2009 年开始，我部借鉴国内外职业教育先进经验，在全国 17 个省（区、市）的 30 所技工院校启动了一体化课程教学改革试点工作，推进以职业活动为导向，以校企合作为基础，以综合职业能力培养为核心，理论教学与技能操作融合贯通的一体化课程教学改革。这项改革试点将传统的以学历为基础的职业教育转变为以职业技能为基础的职业能力教育，促进了职业教育从知识教育向能力培养转变，努力实现"教、学、做"融为一体，收到了积极成效。改革试点得到了学校师生的充分认可，普遍反映一体化课程教学改革是技工院校一次"教学革命"，学生的学习热情、教学组织形式、教学手段和学生的综合素质都发生了根本性变化。试点的成果表明，一体化课程教学改革是转变技能人才培养模式的重要抓手，是推动技工院校改革发展的重要举措，也是人力资源社会保障部门加强技工教育和在职业培训工作的一个重点项目。

教学改革的成果最终要以教材为载体进行体现和传播。根据我部推进一体化课程教学改革的要求，一体化课程改革专家、几百位试点院校的骨干教师以及中国人力资源和社会保障出版集团的编辑团队，用了三年多的时间，组织实施了一体化课程教学改革试点，并将试点中形成的课程成果进行了整理、提炼，汇编成“活页”教材。这套教材不仅在形式上打破了传统教材的编写模式，而且在内容上突破了传统教材的结构体例，在国内职业教育培训教材领域中均属首创。这套教材及配套资料的出版，不仅是本次一体化课程教学改革试点工作的阶段性总结，也是一体化课程教学改革不断深化和全面推广的一个起点。希望全国技工院校将一体化课程教学改革作为创新人才培养模式、提高人才培养质量的重要抓手，进一步推动教学改革，促进内涵发展，提升办学质量，为加快培养合格的技能人才作出新的更大贡献！

人力资源和社会保障部副部长

王晓初

二〇一二年八月

活页式教材使用说明

◆ 页码编排方式

为了更加方便地在教材中增删和替换内容，页码采用“学习任务编号－学习活动编号－页码号”三级编排形式，如“3-2-4”表示“学习任务三”的“学习活动 2”的第 4 页。

◆ 过程评价表使用方法

教材中设计了“自评表”、“互评表”、“教师总评表”、“综合评价表”等评价表格，表头上有“班级”、“姓名”、“学号”等信息栏，从活页教材中取出评价表填写后可以单独提交。

◆ 教材内容更新方法

中国人力资源和社会保障出版集团将根据一体化课程教学改革的推进以及科学技术的发展和不同地域的需要，不断补充和更新教材中的学习任务和学习活动，学校可以从“一体化课程教学改革教学资源网（http：//zyjy.class.com.cn）”下载（需在网站注册）。通过网站还可以了解到更多的一体化课程教学改革信息和下载相关资源。

◆ 便携式活页夹和 PVC 保护板使用方法

使用教材中附赠的便携式活页夹，可以灵活方便地将教材中部分内容携带至一体化教学场地。教材内附的整张 PVC 保护板可以作为学习记录垫板使用。

◆ 参考用书选用方法

在学习过程中，学生需要查阅大量参考资料，下表为中国人力资源和社会保障出版集团出版的适宜本专业一体化教学使用的参考书目录。

电气自动化设备安装与维修专业一体化教学参考书目录（高级阶段）

序号	书号	书名
1	978-7-5045-9050-3	电工基础
2	978-7-5045-9106-7	模拟电子电路
3	978-7-5045-9552-2	数字电子电路
4	978-7-5045-9401-3	电工仪表与电气测量
5	978-7-5045-9109-8	工程识图与AutoCAD
6	978-7-5045-9513-3	电机变压器原理与维修
7	978-7-5045-9825-7	常用机床电气线路维修
8	978-7-5045-9548-5	PLC应用技术（三菱　上册）
9	978-7-5045-9655-0	PLC应用技术（三菱　下册）
10	978-7-5045-9653-6	工厂变配电技术
11	978-7-5045-9691-8	电力电子变流技术
12	978-7-5045-9772-4	直流调速技术
13	978-7-5045-9809-7	变频技术
14	978-7-5045-9641-3	传感器应用技术

目　　录

学习任务一　单台设备电源线路的安装

1. 能根据工作任务单，了解、核实并记录车间及设备负荷情况，明确工作任务。

2. 能通过查找参考资料，确定要安装的单台设备的用电负荷。

3. 能根据施工图纸进行现场勘察，描述勘察作业流程，提高勘察过程中沟通交流的能力。

4. 能根据施工图纸，在勘察施工现场后制订合理的施工计划。

5. 能根据工作任务要求和施工图纸，列举所需工具和材料清单，准备工具，领取材料。

6. 能查阅参考资料，熟悉应用必要的标识和隔离措施，准备现场工作环境。

7. 能按图纸、工艺和安全规程要求，进行线路敷设施工。

8. 熟悉施工后自检项目及方法，能按规程进行线路的电阻检测，以及机床设备的通电试车，填写验收项目单并交付验收。

9. 能以小组形式总结学习成果并进行汇报展示，并结合自身任务完成情况，正确撰写工作总结。

10. 能完成对学习过程进行的综合评价。

20 学时。

某机加工车间新购金属切削机床 1 台，需要进行电源线路的安装，要求维修电工班在 7

个工作日之内完成该项工作。维修电工班同意接收该项工作任务，在规定期限内对其进行布线安装，完成后交有关人员验收。

工作流程与活动

1. 明确工作任务，确定设备负荷（6 学时）
2. 勘察施工现场，制订施工计划（4 学时）
3. 工作准备与施工（8 学时）
4. 工作总结与评价（2 学时）

学习活动1 明确工作任务，确定设备负荷

学习目标

1. 能根据工作任务单，了解、核实并记录车间及设备负荷情况，明确工作任务。

2. 能通过查找相关资料，计算确定要安装的单台设备的用电负荷。

建议学时：6学时

学习过程

一、阅读工作任务单及产品说明，明确工作任务

单台设备电源线路安装工作任务单　　　　任务单：0716

<table>
<tr><td>设备名称</td><td>普通车床</td><td>制造厂家</td><td>大连机床厂</td><td>型号规格</td><td>CW6163E</td></tr>
<tr><td>车间供电方式</td><td colspan="5">三相四线式</td></tr>
<tr><td>施工项目</td><td colspan="5">根据安装设备的产品说明（见附件1）
1. 核实负荷，选择施工用的导线、器件
2. 按设备安装规程进行电源线路安装、接线
3. 按验收规程进行设备电源线路安装的验收</td></tr>
<tr><td>工期要求</td><td colspan="5">1周</td></tr>
<tr><td>验收日期</td><td></td><td>验收单位</td><td></td><td>接收单位</td><td></td></tr>
<tr><td>车间用电设备的基本情况介绍</td><td colspan="5">1. 车间内已经有若干用电设备在运行，动力电源箱内有两个预留位置，用于安装新增、备用用电设备的电源控制开关
2. 车间供电的电源变压器总容量为50 kV · A，现有设备已用去30 kV · A，供电容量的余量还有20 kV · A</td></tr>
</table>

附件 1　　　　CW 系列普通车床产品说明

产品名称：CW 系列普通车床

基本型号：CW61（2）63E/80E/100E

CW－E 系列普通车床可进行各种车削加工，主要用于车削内外圆柱面、圆锥面、其他具有旋转表面的零件，车削端面、切槽、切断、钻孔以及车削各种常用的公制、英制、模数和径节螺纹等。带有马鞍的车床可用来车削大直径或畸形零件。

（1）床身经过表面淬火、磨削加工，淬火硬度达 HRC50。

（2）主轴箱齿轮经过齿部淬火、精密磨齿加工，高速齿轮精度可达 5 级；主轴箱主轴采用三点支撑，主轴刚性好；主轴箱手柄采用集中操纵；进给箱齿轮也采用齿部淬火。

（3）溜板箱设有快速移动装置、过载安全装置、纵横向十字操纵手柄、开合螺母手柄。

（4）可提供公制机床、英制机床及多种特殊功能的组合。

（5）可提供多种主轴孔径的主轴结构，主轴孔径有 100 mm、130 mm（特殊订货）两种。主轴头形式有 C11 型和 D11 型两种。通常情况下，提供 C11 主轴；对英制机床和特殊定货机床提供 D11 主轴。

（6）主轴电动机的功率为 11 kW（特殊定货为 15 kW、22 kW）。

（7）主轴箱、进给箱采用油泵淋浴式润滑。

（8）噪声声压级不大于 83 dB（A）。

CW 系列普通车床参数

型号	CW6163E/CW6263E	CW6180E/CW6280E	CW61100E/CW62100E
主要规格			
床身上最大工件回转直径（mm）	630	800	1 000
两顶尖间最大距离（mm）	750/1 000/1 500/2 000/3 000/4 000/5 000/6 000/7 000/8 000		
刀架上最大工件回转直径（mm）	350	520	710
马鞍内有效利用长度（mm）	350		
马鞍内回转直径（mm）	800	1 000	1 230
床身导轨宽度（mm）	550		
主轴内孔直径（mm）	100（130）		
主轴转速范围（r/min）（18 级）	7.5～1 000		
进给系统			
纵向进给量（mm/r）（64 种）	0.1～24.3		
横向进给量（mm/r）（64 种）	0.05～12.15		
快速移动速度（m/min）	3.8		
公制螺纹（mm）（52 种）	1～240		
英制螺纹（TPI）（26 种）	14～1		

续表

型号			CW6163E/CW6263E	CW6180E/CW6280E	CW61100E/CW62100E
模数螺纹（mm）（53 种）			0.5～120		
径节螺纹（DP）（24 种）			28～1		
刀架					
刀架下部的最大横向行程（mm）			460	470	530
小刀架的最大行程（mm）			200		
电动机功率					
主轴电动机型号	Y160M－4	主轴电动机额定功率	11 kW	额定电压	3×380 V
快速电动机型号	NJ12－4	快速电动机额定功率	1.1 kW	额定电压	3×380 V
冷却泵电动机型号	JCB－25	冷却泵电动机额定功率	90 W	额定电压	3×380 V

1. 该设备共有 3 台电动机，将其基本参数填写在下表中。

电动机编号	电动机名称	型号	额定功率	用电负荷工作制
1#				
2#				
3#				

2. 该设备采用何种供电方式？

3. 车间内动力电源箱还有几个预留电源开关位？能否满足本次任务的安装需要？

4. 车间的供电变压器总容量是多少？剩余容量是多少？

5. 列举本次施工过程中的分项目。

6. 根据工作任务单中的施工项目，讨论确定分项目的施工顺序。

小提示

用电负荷工作制的分类

1. 长期连续工作制设备

这类设备能长期连续运行，每次连续工作时间超过8h，而且运行时负荷比较稳定。例如，车间常用的普通车床其动力部分有三台电动机，包括主轴电动机、冷却泵电动机、快速进给电动机，这些电动机一般都要求能长期连续工作。

2. 短时工作制设备

这类设备的工作时间较短，而停歇时间相对较长，如有些机床上的辅助电动机。

3. 反复短时工作制设备

这类设备的工作呈周期性，时而工作时而停歇，如此反复，且工作时间与停歇时间有一定比例，如电焊设备、吊车、电梯等。

二、用需要系数法（或二项式法）确定单台设备用电负荷

1. 查阅参考资料，描述电气负荷的含义。

2. 描述计算用电负荷的意义。

3. 选用不同的负荷计算方法，计算用电负荷。

4. 将工作任务单中给出的设备参数换算成总设备容量，填入下表中。

主轴电动机额定功率	11 kW	快速电动机额定功率	1.1 kW	冷却泵电动机额定功率	90 W
总的有功计算负荷			总的无功计算负荷		
视在计算负荷			计算电流		

5. 查阅参考资料，简单说明需要系数法和二项式法计算结果的差异及使用条件。

学习活动 2　勘察施工现场，制订施工计划

学习目标

1. 能根据施工图纸进行现场勘察，描述勘察作业流程，提高勘察过程中沟通交流的能力，进一步明确施工任务。

2. 能根据施工图纸，在勘察施工现场后制订合理的施工计划。

建议学时：4 学时

学习过程

一、结合车间动力线路电气平面图，勘察实际施工现场

1. 勘察施工现场的主要内容有哪些？勘察施工现场的意义是什么？

2. 在车间动力线路电气平面图中，XL－21 代表什么含义？

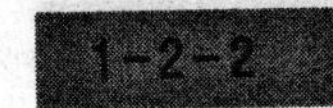

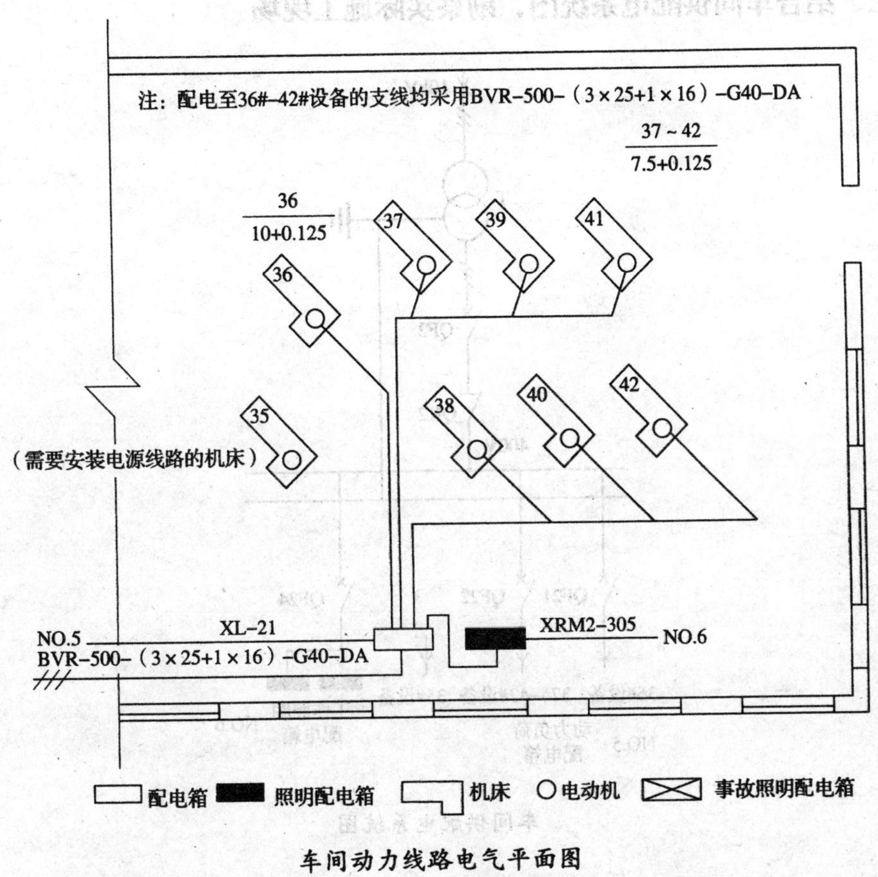

车间动力线路电气平面图

3. 在车间动力线路电气平面图中，BVR－500－（3×25＋1×16）－G40－DA 代表什么含义?

4. 勘察施工现场，在车间动力线路电气平面图中补画出35#预装设备的敷设方向，并对所画电路进行标注。

二、结合车间供配电系统图，勘察实际施工现场

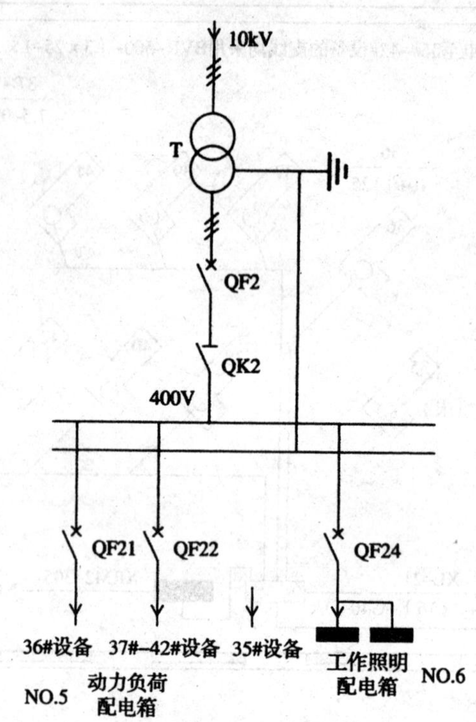

车间供配电系统图

1. 符号代表什么含义？

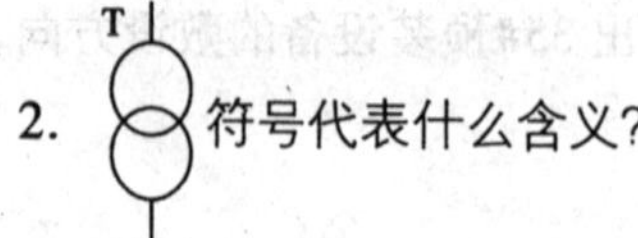

2. 符号代表什么含义？

3. QF 是何种开关？它有什么特点？

4. QK 是何种开关？它有什么特点？

5. 勘察施工现场，在车间供配电系统图中补画出 35#预装设备的供配电方案，并对补画的开关进行编号。

6. 勘察施工现场，确定车间供配电系统属于下列哪一种方式？

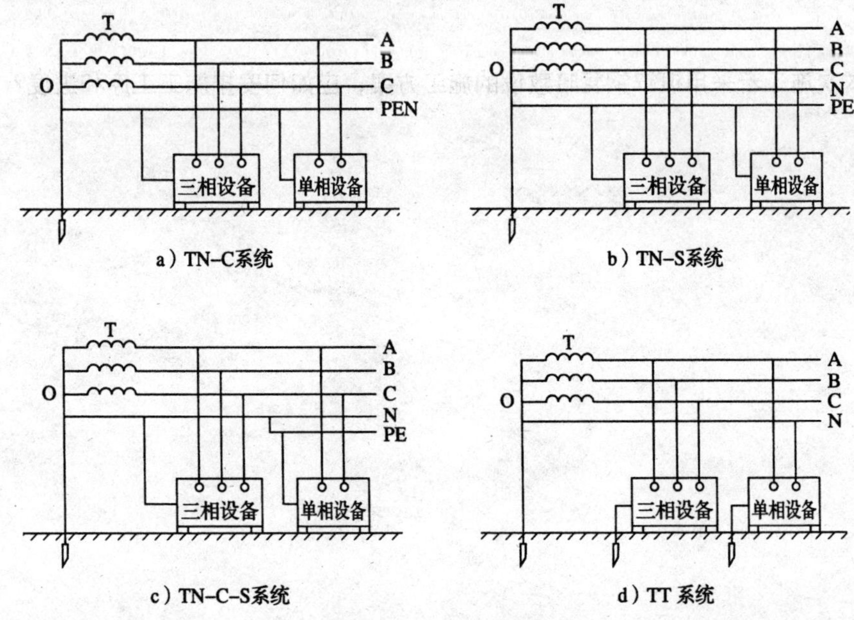

a）TN-C系统　b）TN-S系统

c）TN-C-S系统　d）TT 系统

三、确定预装设备电源线路的敷设方案

结合车间常用动力线路的敷设方式和现场勘察情况，在教师安排、指导下，分组讨论确定预装设备电源线路的敷设方案，测量敷设距离，为备料做准备。

1．常用的电源线路敷设方式有哪些？根据车间的实际情况，你认为应采用何种敷设方式？

2．测量敷设线路的实际距离，做好记录。

四、制订施工计划

1．如果你是任务负责人，怎样组织完成这项工作？应考虑哪些问题？

2．本次施工若采用镀锌钢管暗敷设的施工方案，应如何安排施工工序和进度？

学习活动3　工作准备与施工

学习目标

1. 能根据工作任务要求和施工图纸，列举所需工具和材料清单，准备工具，领取材料。

2. 能查阅参考资料，熟悉自动空气开关的型号、安装方式、用途和特点。

3. 能查阅参考资料，熟悉常用穿管绝缘导线规格和导线线色的选用。

4. 能查阅参考资料，熟悉镀锌钢管的型号、用途及连接附件的类型。

5. 能查阅参考资料，熟悉应用必要的标识和隔离措施，准备现场工作环境。

6. 能按图纸、工艺和安全规程要求，进行预制混凝土地面划线、开槽和管路敷设。

7. 能按图纸、工艺和安全规程要求，进行电源箱内及负载机床侧电源接线施工。

8. 熟悉施工后自检项目及方法，能按规程进行线路的电阻检测，以及机床设备的通电试车。

建议学时：8学时

学习过程

一、施工前准备

1. 为保证施工质量、安全和工期要求，你准备采取哪些安全技术措施？

2. 自动空气开关在三相动力电源控制柜中的用途是什么？对于线路有哪些保护功能？

3. 3 极和 4 极空气开关在作为机床设备电源控制开关时，各用于何种供电形式？

4. 如何根据用电设备的计算电流，选择穿管绝缘导线的型号及截面积?

5. 如何选择 BVR－500－（3×25＋1×16）－G40－DA 导线的线色?

6. 如何根据导线的截面积选择镀锌钢管的型号?

7. 常用暗埋镀锌钢管的管子公称通径的含义是什么? 如何判别管径是否符合敷设要求?

8．如何检查镀锌钢管的质量？

9．暗埋镀锌钢管的丝扣连接所用到的丝扣为何种类型？如何检查其质量？

10．依据车间动力线路电气平面图及现场勘察结果，结合负荷计算的结果，选择导线、器件，列举材料名称、型号规格和数量。

材 料 清 单

日期：____________ 领料人：____________

序号	名称	型号规格	数量	备注
1				
2				
3				
4				
5				
6				

续表

序号	名称	型号规格	数量	备注
7				
8				
9				
10				
11				
12				

11．依据现场勘察结果，列出施工工具清单。

施工工具清单

日期：__________ 制表人：__________

序号	名称	型号规格	数量	用途
1				
2				
3				
4				
5				
6				
7				
8				
9				
10				

12. 进入现场前还有哪些工作需要做?

二、敷设施工

按照电工安全操作规程，依据施工图进行敷设施工。

1. 写出镀锌钢管暗敷设的基本安装流程。

2. 暗敷设前敷设位置的弹线定位有何工艺要求?

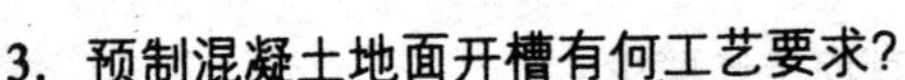

3. 预制混凝土地面开槽有何工艺要求?

4. 镀锌钢管预制弯管操作有何工艺要求?

5. 镀锌钢管断管及管口处理有何工艺要求?

6. 镀锌钢管的丝扣连接操作有何工艺要求?

7. 暗埋镀锌钢管引入机床设备的敷设操作有何工艺要求?

8. 暗埋镀锌钢管引入配电箱盒的敷设操作有何工艺要求?

9. 暗埋镀锌钢管穿绝缘导线操作时有何工艺要求?

10. 动力电源线接线操作时有何工艺要求?

11. 施工过程中，针对出现的问题，在指导教师的帮助下提出正确的解决方法，并记录在下表中。

施工进度记录表

日期	施工内容	出现的问题及解决方法

12. 施工完成后，及时检查施工质量，并记录在下表中。

施工质量检查记录表

项目	质量记录
钢管敷设位置、尺寸	
管路的敷设安装工艺	
导线穿管的预留量	

续表

项目	质量记录
导线绝缘的损坏程度	
导线接线的牢固程度、接线的正确性	
填埋保护工艺	

三、施工后自检

1．利用仪表对敷设线路进行电气检测，并记录在下表中。

项目	仪表	阻值	备注
线路的直流电阻值	万用表		
线路的绝缘电阻值	兆欧表	导线与地面（镀锌钢管）间绝缘电阻：	
		管内导线间绝缘电阻：	

2．通电试运行

（1）动力线路送电时应注意哪些问题?

（2）动力线路送电时应如何做到安全操作?

(3) 记录运行结果。

项目	仪表	测量值	偏差值	是否合格
运行电压的测量	万用表	A相：		
		B相：		
		C相：		
运行电流的测量	钳形电流表	A相：		
		B相：		
		C相：		
设备电动机的温升		壳体表面温度：		

小提示

1. 电源电压与额定电压偏差不超过±5%，不平衡量不超过1.5%。

2. 电流不超过铭牌额定电流，三相电流不平衡量不超过5%。

3. 壳体表面温度不超过80℃。

4. 动力线路送电安全要求

(1) 测试、送电和试车的操作至少需有两人进行，并且至少有一人作为监护，严禁误操作。人员应分工明确，没有操作指令，严禁擅自操作。通电前应对设备与线路进行必要的检查。

(2) 送电操作时应戴绝缘手套、穿绝缘鞋、戴防护镜，必要时要有绝缘垫。

(3) 验电器、验电笔在使用前应检查是否合格，必须在制造厂规定的电压范围内使用。

(4) 送电试车过程中，对已送电的盘柜箱或开关手柄上须挂有“有电危险”的标牌，在停电的设备或线路上工作时，需在该路断开的电源开关手柄或按钮上挂“严禁合闸，有人工作”的标牌，同时应在操作点将三相电源短接后用接地线与地可靠连接。

(5) 在已部分投产的车间或运行的配电室进行送电或试车操作时，应事先与有关部门或人员取得联系，必要时要设立围栏，不得随意串岗或合闸；在防爆区域或危险场所进行工作时，应事先征得有关主管单位的同意并检查试验有无产生危险或爆炸因素，确保安全后才能进行工作。

(6) 对设备进行调整或试验时，在被认为可能有电的线路和设备上进行作业时，应事先验电，必要时应将线路短路后接地。

(7) 应选择正确、合适挡位的仪器仪表，应按电压等级正确选取安全操作用具。

(8) 在刚停电的设备上作业时，应先放电。

(9) 送电前必须复查送出回路和受电单位是否相符，且受电端应有人联络。

(10) 无防护的刀开关投入时，脸部应避开开关的正面。

(11) 所有参与送电和试车的人员，在工作前不准饮酒。

(12) 如发生人身触电事故应先断开电源，然后再急救. 要进行人工呼吸直至送到附近医院。断开电源时，如不能拉闸断电，必须用绝缘物切断线路，避免再度触电。

(13) 如发生设备着火爆炸事故应先断开电源，然后再急救，使用的灭火剂必须是有利于消防电气火灾的灭火剂，如二氧化碳、四氯化碳、1211、干粉灭火剂，其中二氧化碳、1211 适用于扑灭电器着火。

5. 低压动力线路送电安全要求

(1) 将低压配电室或控制室中成列开关柜总开关及分路开关的隔离开关和负荷开关全部断开，检查无误后即可通知变电所，请求将该配电室馈电回路的开关合上。

(2) 变电所接到请求送电的电话，经总指挥批准后即可回电请求单位，表示同意送电；双方联系无误后，即可将该回路的馈电开关合上，这时受电单位的电压表指示灯应有显示，正常情况下三相电压应平衡，电压值应正常。受电单位即可把得电情况报告变电所及总指挥。

(3) 低压配电室将隔离总开关和总负荷开关先后合上后，低压母线上即有电，测试母线最末端的电压应正常，且任何部位不应有漏电或放电现象，然后把负荷开关拉掉，连续三次重复合闸、分闸，开关和母线应正常，电压正常。分、合闸间隔一般为 1 min。

(4) 按低压配电室的供电范围用电话按回路编号进行联系，确认可否送电。受电单位检查无误即可同意送电并做好准备，双方联系无误后，即可将第一回路的负荷开关合上，这时受电单位的电压表指示灯应有显示且电压正常，同样把得电情况通知配电室。配电室应连续三次将空气开关合闸、分闸，结果应正常。

(5) 空载运行正常后，即可进行单机试车。单机试车通常应按回路一一进行，如时间要求紧迫可多路同时进行或全路进行，但要将人员安排好，这样系统便进入了单机空载试运行阶段。

学习活动4　工作总结与评价

学习目标

1. 能以小组形式总结学习成果并进行汇报展示。
2. 能结合自身任务完成情况，正确撰写工作总结。
3. 完成对学习过程进行的综合评价。

建议学时：2学时

学习过程

一、成果展示

以小组为单位，选择演示文稿、展板、海报、录像等形式中的一种或几种，向全班展示、汇报学习成果。

二、自评总结

1. 在完成单台设备电源线路的安装过程中学到了什么?

2. 在进行单台设备电源线路的安装时要考虑哪些非专业技术因素?

评价与分析

学习任务一总评表

评价项目	评价内容	评价标准	评价方式		
			自我评价	小组评价	教师评价
职业素养	安全意识、责任意识	A 作风严谨、自觉遵章守纪、出色完成工作任务 B 能够遵守规章制度、较好完成工作任务 C 遵守规章制度、没完成工作任务或完成工作任务、但忽视规章制度 D 不遵守规章制度、没完成工作任务			
	学习态度	A 积极参与学习活动，全勤 B 缺勤达本任务总学时的 10% C 缺勤达本任务总学时的 20% D 缺勤达本任务总学时的 30%			
	团队合作意识	A 与同学协作融洽、团队合作意识强 B 与同学能沟通、协同工作能力较强 C 与同学能沟通、协同工作能力一般 D 与同学沟通困难、协同工作能力较差			

续表

<table>
<tr><th rowspan="2">评价项目</th><th rowspan="2">评价内容</th><th rowspan="2">评价标准</th><th colspan="3">评价方式</th></tr>
<tr><th>自我评价</th><th>小组评价</th><th>教师评价</th></tr>
<tr><td rowspan="3">专业能力</td><td>学习活动1</td><td>A 按时完成学习活动的任务，回答问题正确
B 按时完成学习活动的任务，回答问题比较正确
C 未按时完成学习活动的任务，或回答问题内容遗漏、错误较多
D 未完成学习活动的任务</td><td></td><td></td><td></td></tr>
<tr><td>学习活动2</td><td>A 按时完成学习活动的任务，回答问题正确
B 按时完成学习活动的任务，回答问题比较正确
C 未按时完成学习活动的任务，或回答问题内容遗漏、错误较多
D 未完成学习活动的任务</td><td></td><td></td><td></td></tr>
<tr><td>学习活动3</td><td>A 按时完成学习活动的任务，回答问题正确
B 按时完成学习活动的任务，回答问题比较正确
C 未按时完成学习活动的任务，或回答问题内容遗漏、错误较多
D 未完成学习活动的任务</td><td></td><td></td><td></td></tr>
<tr><td colspan="2">创新能力</td><td>学习过程中提出具有创新性、可行性的建议</td><td colspan="3">加分奖励：</td></tr>
<tr><td colspan="2">学生姓名</td><td></td><td>综合评价等级</td><td colspan="2"></td></tr>
<tr><td colspan="2">指导教师</td><td></td><td>日期</td><td colspan="2"></td></tr>
</table>

综合评价等级计算说明

综合评价等级可根据自我评价、小组评价、教师评价及加分奖励所得成绩，参考以下方式计算：

A——自我评价总分+小组评价总分+教师评价总分+加分奖励≥90

B——自我评价总分+小组评价总分+教师评价总分+加分奖励≥75

C——自我评价总分+小组评价总分+教师评价总分+加分奖励≥60

D——自我评价总分+小组评价总分+教师评价总分+加分奖励<60

其中：

$$自我评价总分=\frac{(nA+mB+xC+yD)}{n+m+x+y}\times 0.1$$

$$小组评价总分=\frac{(nA+mB+xC+yD)}{n+m+x+y}\times 0.2$$

$$教师评价总分=\frac{(nA+mB+xC+yD)}{n+m+x+y}\times 0.7$$

式中 $A=90$，$B=75$，$C=60$，$D=30$。n、m、x、y 分别为评价表中 A、B、C、D 各等级的数量。

加分奖励为1～10分，由指导教师评定。

学习任务二　成组设备用电线路的安装

学习目标

1. 能根据工作情境描述及相关资料，设计工作任务单，明确工作任务。

2. 能通过勘察施工现场，了解、核实现场负荷情况，进行合理分组控制，确定施工方案。

3. 能依据施工方案，制订工作计划，明确施工进度。

4. 能根据工作任务要求和施工图纸，列举所需工具和材料清单，准备工具，领取材料。

5. 能查阅参考资料，熟悉应用必要的标识和隔离措施，准备现场工作环境。

6. 能按工艺要求，进行线路敷设施工。

7. 能按作业规程进行施工后自检及通电试运行。

8. 能正确填写竣工验收报告并交付验收。

9. 能以小组形式总结学习成果并进行汇报展示，并结合自身任务完成情况，正确撰写工作总结。

10. 能完成对学习过程进行的综合评价。

建议学时

20 学时。

工作情境描述

某机加工车间新购置某设备，需要进行成组设备电源线路的安装，要求维修电工班在 4 个工作日之内完成该项工作。维修电工班同意接收该项工作任务，在规定期限内对其进行改造，改造完成后交有关人员验收。

工作流程与活动

1. 明确工作任务，勘察施工现场（4 学时）
2. 工作准备（6 学时）
3. 现场施工（8 学时）
4. 工作总结与评价（2 学时）

学习活动1　明确工作任务，勘察施工现场

学习目标

1. 能根据工作情境描述及相关资料，设计工作任务单，明确工作任务。

2. 能通过勘察施工现场，了解、核实现场负荷情况，进行合理分组控制，为确定施工方案做好前期准备。

建议学时：4学时

学习过程

一、明确工作任务

1. 认真阅读工作情境描述、购置设备明细及车间情况说明，结合相关资料，明确工作任务。

购置设备明细

序号	用电设备名称	台数	单台设备额定容量（kW）	相数	负荷率
1	CKA6136 数控车床	6	12.5	3	
2	XD40A 数控铣床	5	15.2	3	
3	电焊机	2	22（kV·A）	1	60%
4	吊车	2	11	3	40%

车间情况说明：

（1）车间配电室采用TN－S系统，三相380 V/220 V电压，为低压用电设备供电，总容量为200 kV·A。现有运行设备由一个动力电源箱（1号动力电源箱）控制，只占用总容量的1/4，故供电容量余量较大。

（2）另备有动力电源箱3个（2～4号动力电源箱），平衡分布在车间内，用于安装新增用电设备的电源控制开关。因而只需分组计算设备负荷，选择导线、器件等。

2. 查阅设备相关资料，依据现场情况，完成下表。

序号	用电设备名称	单台设备额定容量（kW）	相数	负荷率	设备工作制
1	CKA6136 数控车床	12.5	3		
2	XD40A 数控铣床	15.2	3		
3	电焊机	22（kV·A）	1	60%	
4	吊车	11	3	40%	

3. 核实现场负荷情况，设计一个工作任务单，明确工作任务。

二、勘察施工现场

1. 通过勘察施工现场，画出单线供电系统图。

2. 依据勘察现场的具体情况，选择合适的车间动力线路敷设方式。

3. 结合施工现场勘察情况，应如何合理分组控制？填写下表。

组别	动力电源箱号	设备名称	台数	总容量
1	1号	现运行设备	—	50 kV·A
2	2号			
3	3号			
4	4号			

学习活动2 工 作 准 备

学习目标

1. 能结合施工现场勘察情况，确定施工方案。

2. 能掌握成组设备负荷计算方法，选择导线、器件等。

3. 能依据确定的施工方案，制订工作计划，明确施工进度。

4. 能根据工作任务要求，列举所需工具和材料清单，准备工具，领取材料。

建议学时：6 学时

学习过程

一、制订施工方案

1. 根据现场勘察实际和设备分组合理控制原则，绘制车间设备布置图。

2. 查阅参考资料，按需要系数法确定用电设备组的计算负荷。

设备类型 / 计算内容	机床类	电焊机	吊车类
有功功率			
无功功率			
视在功率			
计算电流			

3. 查阅参考资料，按需要系数法确定配电干线的计算负荷。

	有功功率	无功功率	视在功率	计算电流
干线的计算负荷				

4. 根据车间设备布置图、设备分组控制情况和需要系数法确定的计算负荷，完成车间配电所至动力电源箱导线、总控开关电器及单台设备控制电器的选择。

（1）导线

序号	导线起点	导线终点	导线型号	根数	标注形式	数量
1	车间配电所	2 号电源箱				
2	车间配电所	3 号电源箱				
3	车间配电所	4 号电源箱				

（2）电源箱总控开关电器

序号	电源箱号	总控开关电器型号	数量
1	2 号电源箱		
2	3 号电源箱		
3	4 号电源箱		

（3）单台设备控制电器

序号	设备名称	开关电器型号	数量
1	CKA6136 数控车床		
2	XD40A 数控铣床		
3	电焊机		
4	吊车		

5．根据现场实际，画出动力线路电气平面图，并对所画主要电路进行标注、编号。

二、准备施工工具及材料

1. 根据施工方案要求，小组拟采用哪种施工方法？如何安排施工进度？你主要承担哪项工作？

2. 根据施工方案选择的动力线路敷设方式，写出施工工序过程。

3. 依据现场勘察结果和制订的施工方案，列出材料清单。

材 料 清 单

日期：＿＿＿＿＿＿　　领料人：＿＿＿＿＿＿

序号	名称	型号规格	数量	备注
1				
2				
3				
4				
5				

续表

序号	名称	型号规格	数量	备注
6				
7				
8				
9				
10				
11				
12				

4．依据施工方案需要，列出施工工具清单。

施工工具清单

日期：____________ 制表人：____________

序号	名称	型号规格	数量	用途
1				
2				
3				
4				
5				
6				
7				
8				
9				
10				

学习活动3　现 场 施 工

学习目标

1. 能按照工艺要求敷设安装线路。

2. 能按照作业规程进行施工后检测及通电试运行，正确标注有关控制功能的编号标签。

3. 能正确填写竣工验收报告并交付验收。

建议学时：8 学时

学习过程

一、敷设施工

1. 根据你的工作经验，进入现场施工要注意完成哪些工作?

2. 你写出的施工工序过程中，各环节有哪些工艺要求？列举出 3 个主要工艺要求。

二、施工后自检

1. 成组设备电源线路的安装施工完成后，根据你的经验，有哪几项工作必须进行？

2. 检查施工质量主要围绕哪些基本原则进行？

3. 当采用直观检查法时，重点应检查哪些部位？检测施工质量标准是如何规定的？

4. 当采用仪表检查法时，都用哪些仪表？仪表检测施工质量标准是如何规定的？

5. 施工质量检查并整改后，按照作业规范，通电试运行前最主要的工作环节是什么？

6. 按照作业规范，成组设备电源线路的安装施工完成后，应如何进行通电试运行？

7．按照作业规范，通电试运行过程中，应重点观察、检测哪些部位？为什么？

三、竣工验收

按照电工作业规程，作业完毕后要清点工具，收集剩余材料，清理工程垃圾，拆除防护措施。正确标注照明控制箱中有关空气开关、控制功能的编号标签。

1．按照作业规程，通电试运行后，还有哪些工作要做？为什么？

2．根据以往工作经验，简述竣工验收基本工作流程。

3. 指导教师组织模拟验收，并填写验收过程问题记录表。

验收过程问题记录表　　　　编号：

验收问题记录	整改措施	完成时间	备注

4. 填写成组设备电源线路的安装施工项目验收报告。

××成组设备电源线路的安装施工项目验收报告　　　　编号：

<table>
<tr><td>工程名称</td><td colspan="4"></td></tr>
<tr><td>建设单位</td><td colspan="2"></td><td>联系人</td><td></td></tr>
<tr><td>地址</td><td colspan="2"></td><td>电话</td><td></td></tr>
<tr><td>施工单位</td><td colspan="2"></td><td>联系人</td><td></td></tr>
<tr><td>地址</td><td colspan="2"></td><td>电话</td><td></td></tr>
<tr><td>项目负责人</td><td colspan="2"></td><td>施工周期</td><td></td></tr>
<tr><td>工程概况</td><td colspan="4"></td></tr>
<tr><td>现存问题</td><td colspan="2"></td><td>完成时间</td><td></td></tr>
<tr><td>改进措施</td><td colspan="4"></td></tr>
<tr><td rowspan="2">验收结果</td><td>主观评价</td><td>客观测试</td><td>施工质量</td><td>材料移交</td></tr>
<tr><td></td><td></td><td></td><td></td></tr>
<tr><td>验收结论</td><td colspan="4"></td></tr>
<tr><td>施工单位</td><td></td><td>建设单位</td><td colspan="2"></td></tr>
<tr><td>负责人签字</td><td></td><td>负责人签字</td><td colspan="2"></td></tr>
<tr><td>日期</td><td></td><td>日期</td><td colspan="2"></td></tr>
</table>

学习活动4　工作总结与评价

学习目标

1. 能以小组形式总结学习成果并进行汇报展示。
2. 能结合自身任务完成情况，正确撰写工作总结。
3. 完成对学习过程进行的综合评价。

建议学时：2学时

学习过程

一、成果展示

以小组为单位，选择演示文稿、展板、海报、录像等形式中的一种或几种，向全班展示、汇报学习成果。

二、自评总结

1. 回顾在完成成组设备用电线路的安装过程中主要学到了什么?
2. 在进行成组设备用电线路的安装时要考虑哪些非专业技术因素?

评价与分析

学习任务二总评表

评价项目	评价内容	评价标准	评价方式		
			自我评价	小组评价	教师评价
职业素养	安全意识、责任意识	A 作风严谨、自觉遵章守纪、出色完成工作任务 B 能够遵守规章制度、较好完成工作任务 C 遵守规章制度、没完成工作任务或完成工作任务、但忽视规章制度 D 不遵守规章制度、没完成工作任务			
	学习态度	A 积极参与学习活动，全勤 B 缺勤达本任务总学时的 10% C 缺勤达本任务总学时的 20% D 缺勤达本任务总学时的 30%			
	团队合作意识	A 与同学协作融洽、团队合作意识强 B 与同学能沟通、协同工作能力较强 C 与同学能沟通、协同工作能力一般 D 与同学沟通困难、协同工作能力较差			

续表

<table>
<tr><th rowspan="2">评价项目</th><th rowspan="2">评价内容</th><th rowspan="2">评价标准</th><th colspan="3">评价方式</th></tr>
<tr><th>自我评价</th><th>小组评价</th><th>教师评价</th></tr>
<tr><td rowspan="3">专业能力</td><td>学习活动1</td><td>A 按时完成学习活动的任务，回答问题正确
B 按时完成学习活动的任务，回答问题比较正确
C 未按时完成学习活动的任务，或回答问题内容遗漏、错误较多
D 未完成学习活动的任务</td><td></td><td></td><td></td></tr>
<tr><td>学习活动2</td><td>A 按时完成学习活动的任务，回答问题正确
B 按时完成学习活动的任务，回答问题比较正确
C 未按时完成学习活动的任务，或回答问题内容遗漏、错误较多
D 未完成学习活动的任务</td><td></td><td></td><td></td></tr>
<tr><td>学习活动3</td><td>A 按时完成学习活动的任务，回答问题正确
B 按时完成学习活动的任务，回答问题比较正确
C 未按时完成学习活动的任务，或回答问题内容遗漏、错误较多
D 未完成学习活动的任务</td><td></td><td></td><td></td></tr>
<tr><td colspan="2">创新能力</td><td>学习过程中提出具有创新性、可行性的建议</td><td colspan="3">加分奖励：</td></tr>
<tr><td colspan="2">学生姓名</td><td>综合评价等级</td><td colspan="3"></td></tr>
<tr><td colspan="2">指导教师</td><td>日期</td><td colspan="3"></td></tr>
</table>

学习任务三　车间用电线路的设计

学习目标

1. 能根据工作情境描述及相关资料，明确工作任务。
2. 能确定用电负荷。
3. 能通过勘察施工现场，画出布置图和供电系统图。
4. 能结合设备明细和现场勘察情况，制订设计方案。
5. 能正确绘制车间供电线路电路图。
6. 能明确施工过程中的工艺要求。
7. 能依据设计方案，列举所需工具和材料清单，制订施工计划。
8. 能以小组形式总结学习成果并进行汇报展示，并结合自身任务完成情况，正确撰写工作总结。
9. 能完成对学习过程进行的综合评价。

20 学时。

工作情境描述

某机加工车间因原有负荷不能满足新添置设备的负荷要求，需进行车间用电线路的设计、安装与改造，要求维修电工班在 6 个工作日之内完成该项工作。维修电工班同意接收该项工作任务，在规定期限内制订改造方案，交有关人员验收。

工作流程与活动

1. 明确工作任务，确定用电负荷（4 学时）

2. 勘察施工现场，制订设计方案（4 学时）

3. 明确施工工艺，制订施工计划（10 学时）

4. 工作总结与评价（2 学时）

学习活动1　明确工作任务，确定用电负荷

学习目标

1. 能根据工作情境描述，明确工作任务。
2. 能确定用电负荷，为确定设计方案做好前期准备。

建议学时：4学时

学习过程

一、明确工作任务

1. 认真阅读工作情境描述及相关资料，明确工作任务。

车间用电情况及要求

(1) 车间配电室采用 TN－C 系统，三相 380 V/220 V 电压，为低压用电设备供电，现有总容量为 60 kV·A，车间面积 600 m^2。

1) 车间现有用电设备明细

序号	用电设备名称	台数	额定容量（kW）	相数	负荷率
1	数控车床 CKA6130	6	12×6=72	3	
2	数控铣床 XD30A	4	13×4=52	3	
3	其他机床	4	4×4=16	3	
4	吊车	2	5.5×2=11	3	40%
5	电焊机	2	22×2=44（kV·A）	1	60%
6	照明		2.4	1	

2）车间新添置设备明细

序号	用电设备名称	台数	额定容量（kW）	相数	负荷率
1	数控车床 CKA6130	6	12×6=72	3	
2	数控铣床 XD30A	3	13×4=52	3	
3	风扇	5	1×5=5	3	
4	照明		2.4	1	

（2）要求

1）依据车间机床设备情况，确定总的计算负荷，选择配电室进线电缆、控制电器，向厂部申请增容。

2）车间机床设备合理调整布局，按照就近控制原则添置动力控制柜。

3）确定各动力控制柜至配电室的计算负荷，选择电缆、控制电器。

4）车间内采用桥架敷设方式安装施工。

2. 根据实际情况补充完善工作任务单。

工作任务单　　编号：

<table>
<tr><td>维修地点</td><td colspan="5">某机加工车间</td></tr>
<tr><td>维修项目</td><td colspan="5">线路重新设计敷设</td></tr>
<tr><td>维修原因</td><td colspan="5">线路老化，负荷不能满足需要</td></tr>
<tr><td rowspan="2">报修部门</td><td rowspan="2"></td><td>承办人</td><td></td><td rowspan="2">报修时间</td><td rowspan="2">年　月　日</td></tr>
<tr><td>联系电话</td><td></td></tr>
<tr><td rowspan="2">维修单位</td><td rowspan="2"></td><td>责任人</td><td></td><td rowspan="2">承接时间</td><td rowspan="2">年　月　日</td></tr>
<tr><td>联系电话</td><td></td></tr>
<tr><td>维修人员</td><td colspan="3"></td><td>完工时间</td><td>年　月　日</td></tr>
<tr><td>验收意见</td><td colspan="3"></td><td>验收人</td><td></td></tr>
<tr><td colspan="2">报修处室负责人签字</td><td colspan="2"></td><td>维修处室负责人签字</td><td></td></tr>
</table>

3. 为完成本次任务，需提前做哪些准备工作？

4. 根据车间机床设备合理调整布局、添置动力控制柜，应与哪些人员联系协调完成?

二、确定用电负荷

1. 根据学习任务描述及相关资料，在确定用电负荷时应选用哪种方法？写出其计算公式。

2. 确定车间现有用电设备的用电负荷，并填写下表。

序号	用电设备名称	台数	额定容量（kW)	相数	负荷率	有功功率	无功功率	视在功率	计算电流
1	数控车床 CKA6130	6	12×6=72	3					
2	数控铣床 XD30A	4	13×4=52	3					
3	其他机床	4	4×4=16	3					
4	吊车	2	5.5×2=11	3	40%				
5	电焊机	2	22×2=44（kV·A)	1	60%				
6	照明		2.4	1					

3. 确定车间新添置设备的用电负荷，并填写下表。

序号	用电设备名称	台数	额定容量（kW）	相数	负荷率	有功功率	无功功率	视在功率	计算电流
1	数控车床 CKA6130	6	12 ×6 =72	3					
2	数控铣床 XD30A	3	13 ×4 =52	3					
3	风扇	5	1 ×5 =5	3					
4	照明		2.4	1					

4. 根据已确定的用电负荷选择变压器型号。

学习活动 2　勘察施工现场，制订设计方案

学习目标

1. 能通过勘察施工现场，画出布置图和供电系统图。

2. 能结合设备明细和施工现场勘察情况，制订设计方案。

建议学时：4 学时

学习过程

一、勘察施工现场

1. 为完成本次任务，勘察施工现场应测绘哪些数据?

2. 依据勘察施工现场测绘数据，画出车间机床设备位置、动力控制柜位置示意图。

3．画出车间单线供电系统图。

二、制订设计方案

1．根据用电设备性质，对车间设备合理分组，确定各组设备容量。

2．按照单相设备不对称容量超过三相用电设备总容量15%时的有关换算原则规定，核算车间单相设备是否需要换算。

3. 查找参考资料，熟悉桥架敷设线路基本要求。

4. 小组研讨制订设计方案。

学习活动3　明确施工工艺，制订施工计划

学习目标

1. 能依据确定的设计方案正确选择器件。

2. 能正确绘制车间供电线路电路图。

3. 能明确施工过程中的工艺要求。

4. 能依据设计方案，确定施工需用的工具和材料，并制订施工计划。

建议学时：10 学时

学习过程

一、选择器件

1. 选择配电室总控电器。

（1）隔离开关规格型号

（2）断路器规格型号

2. 根据车间配电室进线电缆的计算负荷，选择进线电缆。

（1）车间进线电缆的计算负荷

（2）进线电缆规格型号

3．查找参考资料，简单描述如何申请增容。

4．根据分组情况，完成下表。

组号	设备名称	计算负荷	开关型号	导线型号

二、绘制车间供电线路电路图

1．绘制配电室供电线路电路图，并进行标注，说明施工要求。

2. 绘制各组设备供电线路电路图，并进行标注，说明施工要求。

三、明确施工工艺要求

1. 写出金属桥架明敷设工艺流程。

2. 金属桥架明敷设，在进出接线盒、箱、柜、转角、转弯和变形缝两端及丁字接头的三端 500 mm 内有何工艺要求?

3. 金属桥架水平敷设、垂直敷设时有何工艺要求?

4. 金属桥架保护地线安装有何规定?

5. 桥架内电缆敷设应符合哪些规定?

6. 车间用电线路安装施工完成后，根据你的经验，需要进行哪些质量检测? 应达到哪些指标?

四、准备施工工具及材料，制订施工计划

1. 依据设计方案需要，列出材料清单。

材 料 清 单

日期：__________ 领料人：__________

序号	名称	型号规格	数量	备注
1				
2				
3				
4				
5				
6				
7				
8				
9				
10				
11				
12				

2. 依据设计方案需要，列出施工工具清单。

施工工具清单

日期：__________ 制表人：__________

序号	名称	型号规格	数量	用途
1				
2				
3				

续表

序号	名称	型号规格	数量	用途
4				
5				
6				
7				
8				
9				
10				

3. 填写施工工序及工期安排表。

施工工序及工期安排表

日期：__________　　　制表人：__________

工序	工作内容	计划工期时间	备注

学习活动4　工作总结与评价

学习目标

1. 能以小组形式总结学习成果并进行汇报展示。
2. 能结合自身任务完成情况，正确撰写工作总结。
3. 完成对学习过程进行的综合评价。

建议学时：2学时

学习过程

一、成果展示

以小组为单位，选择演示文稿、展板、海报、录像等形式中的一种或几种，向全班展示、汇报学习成果。

二、自评总结

1. 回顾在完成车间用电线路的设计过程中主要学到了什么?
2. 在进行车间用电线路的设计时要考虑哪些非专业技术因素?

评价与分析

学习任务三总评表

评价项目	评价内容	评价标准	评价方式		
			自我评价	小组评价	教师评价
职业素养	安全意识、责任意识	A 作风严谨、自觉遵章守纪、出色完成工作任务 B 能够遵守规章制度、较好完成工作任务 C 遵守规章制度、没完成工作任务或完成工作任务、但忽视规章制度 D 不遵守规章制度、没完成工作任务			
	学习态度	A 积极参与学习活动，全勤 B 缺勤达本任务总学时的 10% C 缺勤达本任务总学时的 20% D 缺勤达本任务总学时的 30%			
	团队合作意识	A 与同学协作融洽、团队合作意识强 B 与同学能沟通、协同工作能力较强 C 与同学能沟通、协同工作能力一般 D 与同学沟通困难、协同工作能力较差			

续表

<table>
<tr><th rowspan="2">评价项目</th><th rowspan="2">评价内容</th><th rowspan="2">评价标准</th><th colspan="3">评价方式</th></tr>
<tr><th>自我评价</th><th>小组评价</th><th>教师评价</th></tr>
<tr><td rowspan="3">专业能力</td><td>学习活动 1</td><td>A 按时完成学习活动的任务，回答问题正确
B 按时完成学习活动的任务，回答问题比较正确
C 未按时完成学习活动的任务，或回答问题内容遗漏、错误较多
D 未完成学习活动的任务</td><td></td><td></td><td></td></tr>
<tr><td>学习活动 2</td><td>A 按时完成学习活动的任务，回答问题正确
B 按时完成学习活动的任务，回答问题比较正确
C 未按时完成学习活动的任务，或回答问题内容遗漏、错误较多
D 未完成学习活动的任务</td><td></td><td></td><td></td></tr>
<tr><td>学习活动 3</td><td>A 按时完成学习活动的任务，回答问题正确
B 按时完成学习活动的任务，回答问题比较正确
C 未按时完成学习活动的任务，或回答问题内容遗漏、错误较多
D 未完成学习活动的任务</td><td></td><td></td><td></td></tr>
<tr><td colspan="2">创新能力</td><td>学习过程中提出具有创新性、可行性的建议</td><td colspan="3">加分奖励：</td></tr>
<tr><td colspan="2">学生姓名</td><td></td><td>综合评价等级</td><td colspan="2"></td></tr>
<tr><td colspan="2">指导教师</td><td></td><td>日期</td><td colspan="2"></td></tr>
</table>

学习任务四　住宅电气线路的设计与安装

学习目标

1. 能阅读工作任务单，明确工时、工艺要求和工作内容。

2. 能勘察施工现场，描述施工现场特征。

3. 能正确识读住宅建筑电气工程图。

4. 能根据现场勘察情况和住宅电气线路要求，制订合理的工作计划。

5. 能列举所需工具和材料清单，准备工具，领取材料。

6. 能查阅参考资料，熟悉应用必要的标识和隔离措施，准备现场工作环境。

7. 能掌握住宅用电线路的安装方法与技巧，进行线路敷设施工。

8. 能按规程进行施工后的项目验收自检。

9. 能以小组形式总结学习成果并进行汇报展示，并结合自身任务完成情况，正确撰写工作总结。

10. 能完成对学习过程进行的综合评价。

建议学时

60 学时。

工作情境描述

“中海水岸”住宅小区需要对住宅电气线路进行设计与安装，请辉达公司维修电工班在规定期限内，完成住宅电气线路设计、安装任务。维修电工班接到住宅电气线路的设计与安装任务后，根据公司工程部提供的住宅用电设备情况，确定用电负荷，制订施工方案，严格遵守设备安装规程进行作业，在规定工期内交付验收。

工作流程与活动

1. 明确工作任务，勘察施工现场（8 学时）
2. 工作准备（20 学时）
3. 现场施工（30 学时）
4. 工作总结与评价（2 学时）

学习活动1　明确工作任务，勘察施工现场

学习目标

1. 能阅读工作任务单，明确工时、工艺要求和工作内容。
2. 能勘察施工现场，描述施工现场特征。

建议学时：8 学时

学习过程

一、阅读工作任务单，明确工作任务

工作任务单

No. 0010　　　　　　　　　　　　年　月　日

<table>
<tr><td rowspan="3">报修项目</td><td>维修地点</td><td>“中海水岸”住宅小区</td><td>报修人</td><td>李强</td><td>联系电话</td><td>88625566</td></tr>
<tr><td colspan="6">报修事项：“中海水岸”住宅小区需要对住宅电气线路进行设计与安装，请辉达公司维修电工班在规定期限内完成安装、调试，交有关人员验收</td></tr>
<tr><td>报修时间</td><td></td><td>要求完成时间</td><td></td><td>派单人</td><td>张新</td></tr>
<tr><td></td><td>接单人</td><td></td><td>维修开始时间</td><td></td><td>维修完成时间</td><td></td></tr>
<tr><td rowspan="3">维修项目</td><td colspan="6">所需材料：</td></tr>
<tr><td colspan="2">维修部位</td><td colspan="2"></td><td>维修人员签字</td><td></td></tr>
<tr><td colspan="2">维修结果</td><td colspan="2"></td><td>班组长签字</td><td></td></tr>
<tr><td rowspan="2">验收项目</td><td colspan="6">维修人员工作态度是否端正：是□　否□
本次维修是否已解决问题：是□　否□
是否按时完成：是□　否□
客户评价：非常满意□　基本满意□　不满意□
客户意见或建议：</td></tr>
<tr><td colspan="2">客户签字</td><td colspan="4"></td></tr>
</table>

1. 根据你的生活经验说说住宅电气线路除照明线路外，还有哪些？

2. 通过网上检索、图书馆查阅资料等形式，了解住宅建筑电气设计规范、物联网资源、多媒体设备安装要求。

二、勘察施工现场

1. 通过实地勘察，根据住宅电气线路的基本情况，按强电系统（照明与动力）和弱电系统（通讯与自动控制）分类，填写下表。

住宅电气设备的基本情况

强电系统			
设备名称	数量	安装要求	备注

续表

弱电系统			
设备名称	数量	安装要求	备注

2. 小组讨论如何实施住宅电气线路的设计与安装工作任务。

学习活动2 工 作 准 备

学习目标

1. 能正确识读住宅建筑电气工程图。

2. 能根据现场勘察情况和住宅电气线路要求，制订工作计划。

3. 能列举住宅电气线路施工所需工具及材料清单，准备工具，领取材料。

4. 能掌握敷设安装工艺，熟悉应用必要的标识和隔离措施，准备现场工作环境。

建议学时：20 学时

学习过程

一、识读住宅建筑电气工程图

1. 建筑电气工程图主要由施工说明－系统图－平面图组成，识读下面的图纸，在老师的指导下完成下列操作。

（1）从图中找出照明线路的走线，用彩笔标出。

（2）从图中找出插座线路的走线，用彩笔标出。

（3）从图中找出电话线路的走线，用彩笔标出。

（4）从图中找出网络线路的走线，用彩笔标出。

（5）该图有无防雷、空调自控、火灾报警与消防自控装置？如何走线？

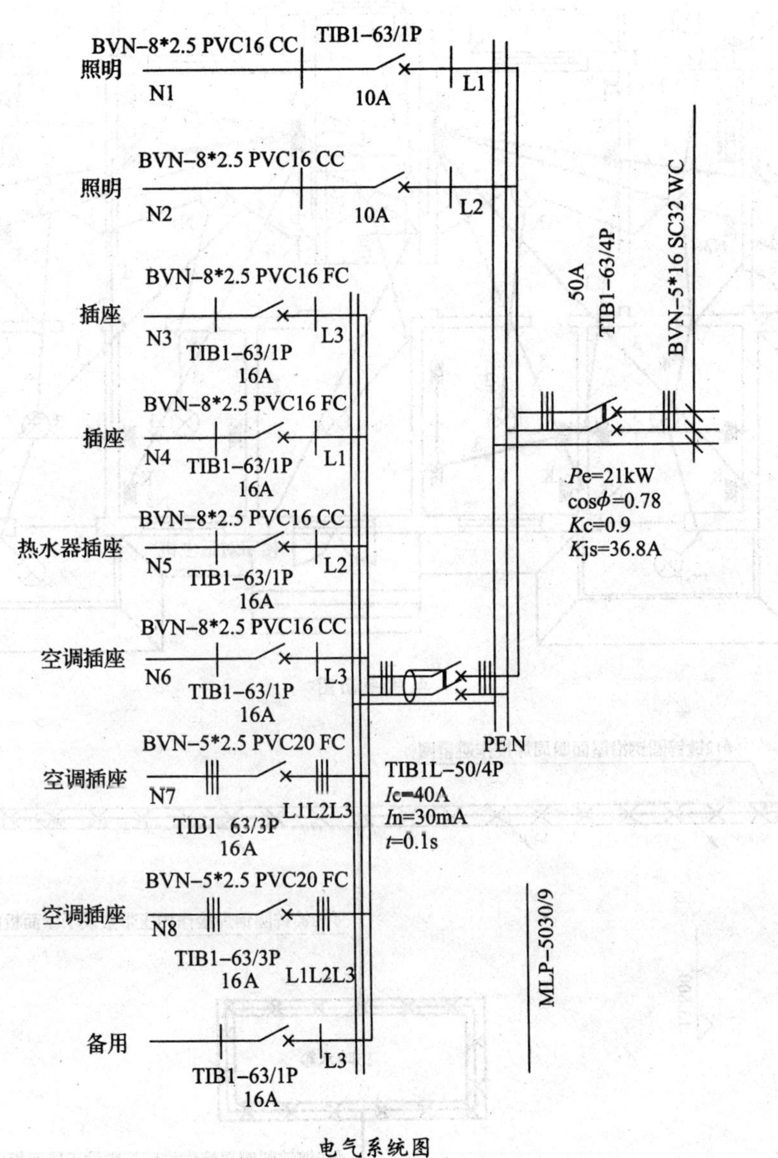

BVN-8*2.5 PVC16 CC
TIB1-63/1P
照明
N1
10A
L1
BVN-8*2.5 PVC16 CC
照明
N2
10A
L2
BVN-5*16 SC32 WC
50A
TIB1-63/4P
BVN-8*2.5 PVC16 FC
插座
N3
L3
TIB1-63/1P
16A
BVN-8*2.5 PVC16 FC
插座
N4
TIB1-63/1P
L1
16A
Pe=21kW
cosϕ=0.78
Kc=0.9
Kjs=36.8A
BVN-8*2.5 PVC16 CC
热水器插座
N5
TIB1-63/1P
L2
16A
BVN-8*2.5 PVC16 CC
空调插座
N6
L3
TIB1-63/1P
16A
PE N
BVN-5*2.5 PVC20 FC
空调插座
N7
TIB1L-50/4P
Ic=40A
In=30mA
t=0.1s
L1L2L3
TIB1 63/3P
16A
BVN-5*2.5 PVC20 FC
空调插座
N8
MLP-5030/9
TIB1-63/3P
16A
L1L2L3
备用
L3
TIB1-63/1P
16A

电气系统图

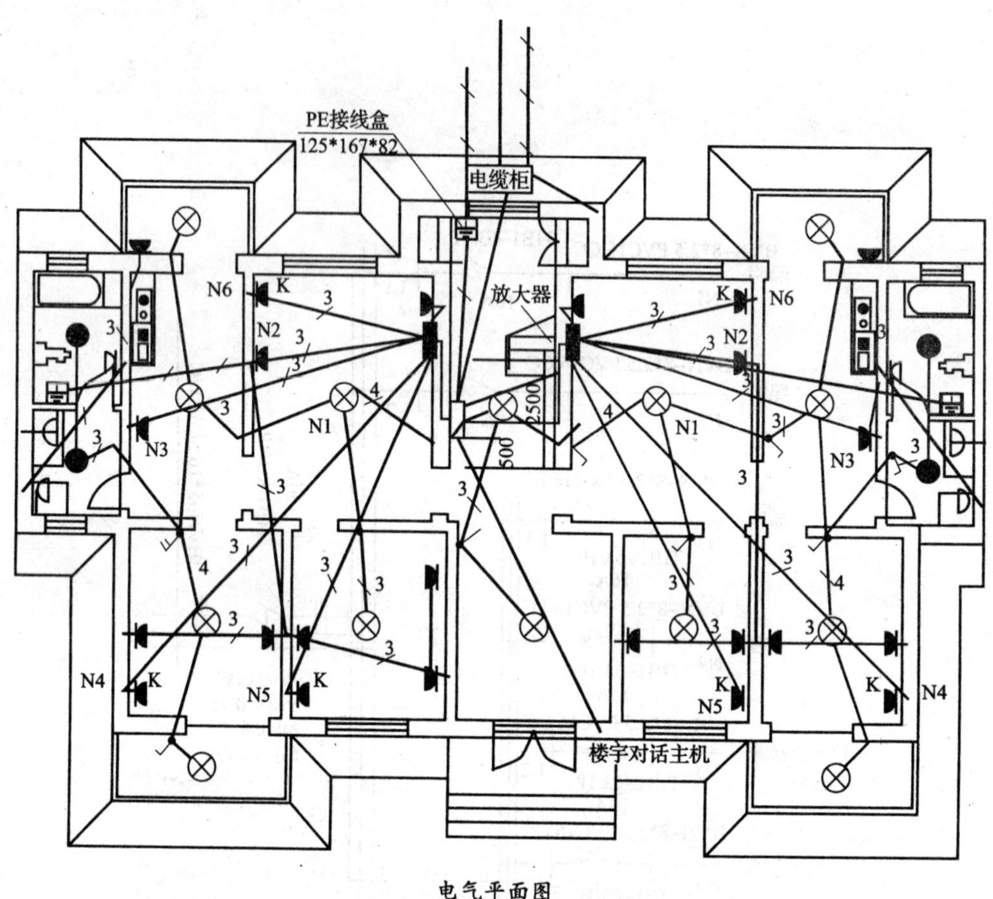

电气平面图

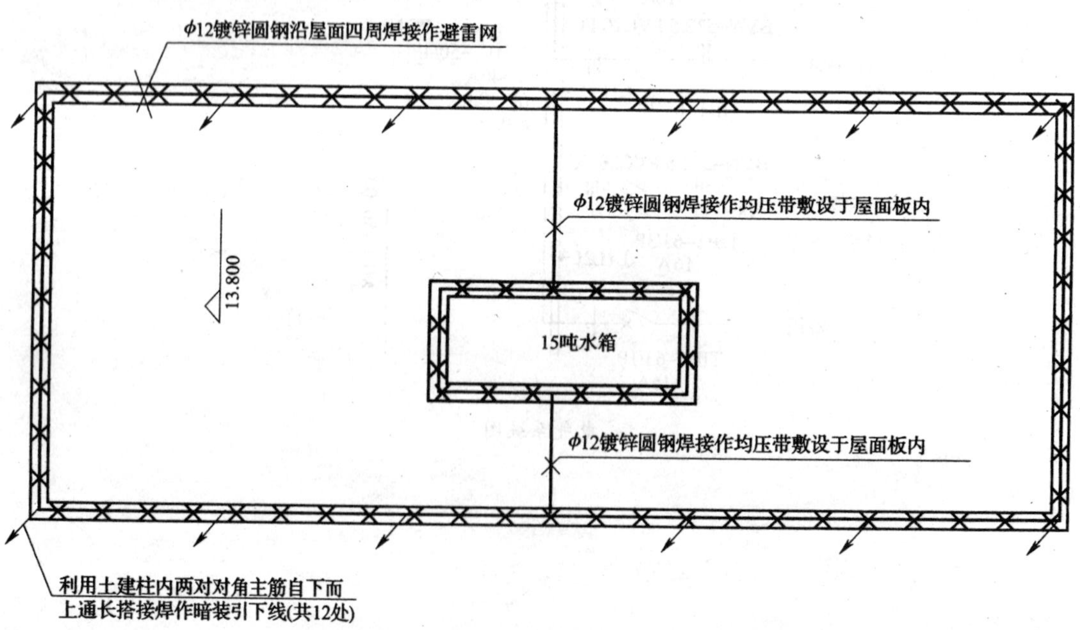

防雷接地平面图

2. 上面的建筑电气工程图与实地勘察的住宅电气线路情况是否相符？若不符画出实际勘察的住宅建筑电气工程平面图。

3. 住宅建筑电气工程的施工有哪些要求？必须要做的施工准备是什么？

4. 图纸中对线路敷设有什么要求？结合实地勘察情况，选择线路敷设方法并说明原因。

5. 什么是防雷接地工程？防雷接地施工的内容是什么？

6. 如何进行住宅建筑电气工程的竣工验收？

小提示

1. 电气工程图

电气工程图是指导电气工程和各种电气设备、电气线路的安装、接线、维护、管理和使用的图样，是电气工程施工的设计依据，它是设计者根据国家标准、规范的有关规定，以及用户的要求来设计的，所以施工人员必须熟悉电气工程图，按照设计图样进行施工。在施工中发现设计图样的错误之处和不合理的问题，应按相关程序进行反映，然后由设计人员进行相关处理或修改，施工过程中不得擅自修改设计。

电气工程图种类很多，按国家标准规定有系统框图、功能图、逻辑图、功能表图、电路图、等效电路图、端子功能图、程序图、设备元件表、接线图或接线表、单元接线图或单元接线表、互连接线图或互连接线表、端子接线图或端子接线表、数据单和位置简图或位置图等。另外还有电气平面图、电气设备的结构和安装图、主接线图、二次接线图等。

施工人员应熟悉各种图样，按照施工中的有关设计图样严格进行施工，不允许偷工减料，另外要严格按照相应的工艺进行操作，优质保量地完成各项电气工程。

2. 住宅建筑电气工程施工的基本程序

住宅建筑电气工程的施工过程，主要有施工准备、施工、竣工验收三个阶段。

施工准备阶段的主要任务有：阅读和熟悉施工图样，编制施工预算，编写施工组织设计或施工方案，准备施工材料，对预埋件进行预制加工，开工前工具及设备的准备，劳动力的组织准备等。

施工阶段的主要任务有：配合土建施工，预埋电缆、电线保护管、支持固定件和接地装置；固定接线箱、灯头盒及传感器底座等；随着土建工程的进展，逐步进行电气设备的安装，线路敷设、接线以及单项检查试验等。

竣工验收阶段的主要任务有：系统调试、投入正常试运行，填写有关交接试验报表，请建设单位、勘察、设计、施工监理以及相关部门进行现场验收检查。验收各方对工程质量做出评价和结论。如果有问题由施工部门进行整改，然后报上级政府质监部门备案。

3. 照明工程的施工内容

住宅建筑：室内卧室、客厅采用荧光灯；厨房、卫生间采用白炽灯；室外庭院采用柱灯。

办公楼、写字楼、学校：室内采用荧光灯；卫生间、浴室采用白炽灯；室外一般采用白炽灯。

工厂：室内、室外采用金属卤化物灯取代高压汞灯和卤钨灯。

夜景照明包括对建筑物形体投光增强立体感的投光照明，突出建筑轮廓形象的轮廓照明，利用灯光强弱表现动感的动感照明，利用光导纤维进行发光的装饰照明。火灾报警用的应急照明包括应急标志灯、安全出口标志灯、疏散指示灯、疏散照明灯。特殊场合还有防爆、防尘、防潮、防水等照明灯具。

这些照明灯具的安装，有明装和暗装两种施工方法。明装时，要在楼板或墙等固定位置进行固定，然后布线；暗装时，通常要在土建施工时预留位置，然后进行灯具安装和布线。所有灯具都应有相应的开关进行控制，并要用计量仪表对其用电量进行计量，还需采用必要的保护电工器件进行保护，如短路保护、漏电保护等。

4. 防雷接地工程的施工内容

防雷接地工程主要是对防雷装置，包括接闪器、引下线、接地装置、过电压保护器及其他连接导体等进行施工。

(1) 避雷带（线）是指在屋顶四周女儿墙或坡顶屋脊、屋檐上装上作接闪器用的金属带或线，经过引下线与建筑物基础钢筋相连或与专门的与大地相连的接地装置相连接，从而达到避雷的目的。

(2) 避雷网是指利用钢筋混凝土结构中的屋面钢筋网，或在整个屋面用 20 mm×20 mm 或 24 mm×16 mm 的镀锌扁钢进行暗敷设，以达到避免雷击屋顶面的目的，同时屋顶面的各种金属物都应与避雷网及接地装置相连通。

(3) 避雷针一般用于烟囱顶部、水塔顶部、高出屋面的金属构件顶部、架空线铁塔或杆的顶部。避雷针经与引下线相连通至接地装置，形成整体连通用于避雷。

(4) 引下线利用结构柱内钢筋或利用镀锌扁钢，将接闪器和接地装置连接形成整体接地通路。

(5) 接地装置由接地体和接地干线组成，接地体可分为自然接地体和人工接地体。自然接地体一般利用建筑物的基础钢筋、桩基钢筋、条形基础钢筋等做接地体。人工接地体则利用铜棒或铜板（带）、镀锌圆钢、镀锌钢管、镀锌扁钢等制作接地体，作为雷电流由接闪器、引下线入地的通路。

防雷接地工程应首先确定建筑物的类别，进行施工图设计，然后由施工单位依据设计要求与规定进行施工。

二、认知住宅建筑电气工程相关知识

1. 住宅建筑电气工程中综合布线系统的内容是什么？

2. 建筑通信系统敷设电缆或光纤的要求是什么?

3. 建筑通信系统如何进行跳线?

小提示

1. 综合布线系统的施工内容

综合布线系统是由工作区子系统、水平子系统、管理子系统、垂直干线子系统、设备间子系统、建筑群子系统6部分组成。

综合布线系统是智能建筑的中枢管理神经系统。综合布线各子系统的内容如下:

(1) 工作区子系统

工作区子系统由设在各房间内的信息插座及连接信息插座至终端设备之间的线缆组成。数据和语音系统一般采用 MPS100E－262 超五类模块化信息插座。用户可任意选择某个信息点作为数据应用或语音应用。按照需求设置插座，用于计算机系统或通信系统。

(2) 水平子系统

水平子系统布置在同一层楼上，水平干线一端的分支线接在信息插座上，另一端的干线接在楼层配线间的跳线架上，它的作用是将水平干线延伸到用户工作区。水平干线可采用 1061004CSL 四对超五类非屏蔽双绞线，用于数据或语音传输。在用户要求宽带传输时，可选用“光纤到桌面”的方案。

(3) 管理子系统

管理子系统是垂直干线子系统和水平子系统的桥梁，主要负责同层管理区域内信息通道组网及网络设备的统一管理，设置在各层分设的配电间内。铜缆配线架一般选用超五类配线架 100AB2-100FT，该配线架易于进行跳线管理，安装在楼层竖井内的配电箱内；光纤配线架一般选用 100A3 型光纤互联单元，安装在楼层竖井内的配电箱内。当终端设备位置或局域网结构变化时，只要改变跳线方式即可解决。

(4) 垂直干线子系统

垂直干线子系统由主设备间至各层管理间，采用大对数的电缆馈线或光缆，两端分别端接在设备间和管理间的跳线架上，为建筑物提供垂直干线电缆路由。语音部分一般采用三类 25 对 1010025AGY 大对数双绞线，数据部分一般采用 LGBC-006D-LRX 六芯室内多模光纤，可支持到千兆网的应用并预留了备份光纤线芯。

(5) 设备间子系统

设备间子系统采用卡接式配线架连接主机和网络设备。它是整个配线系统的中心单元，由设备间中的电缆、连接跳线架及相关支撑硬件、防雷保护装置等构成。对它的线缆等布放选型及环境条件的确定，直接影响到将来信息系统的正常运行、维护和使用的灵活性。计算机房、程控交换机房与设备间应设置在同一楼层中。

(6) 建筑群子系统

建筑群子系统是通过架空或地下电缆管道敷设的室外电缆和光缆互相连通，将多个建筑物的数据通信信号连成一体的布线系统。同时，为了防止雷电过电压，在电缆进入建筑物处，设置浪涌电压保护装置。

2. 建筑通信系统的施工要点

建筑通信系统的施工要点包括安装硬件、敷设电缆或光纤、插接架间电缆及布线、安装总配线架以及其他通信设备的施工等。

(1) 安装硬件

安装硬件主要是指安装程控交换机。安装前，施工人员应学习有关规程，明确列架结构及安装操作方法，熟悉设计图样，做好组织设计，施工人员明确分工。做好立架前的准备工作和工具准备（人字梯、高凳、榔头、扳手、旋具、钢皮尺、水平尺、吊锤、锉、钻、钳、角尺、锯、刀等），进行场地布置，做好机房的测量和定位。安装列架时应按分组顺序操作，各列架顶端应固定，应随时校正各列架的位置，多人操作应统一指挥、互相配合。

电缆走道及槽道安装时，走道边铁应平直，各横铁的长度、规格应一致，安装后的横铁应与边铁垂直并保持水平。电缆走道的位置应符合施工图的要求，偏差小于50 mm。走道支铁应垂直，各支铁应成一直线，螺钉要紧固。沿墙走道的支撑物应安装牢固、距离均匀。安装走道的吊架数量、规格应符合施工图要求，吊架安装应牢固、垂直并整齐。

机架、操作台安装时，其位置应符合设计规定。机架安装应牢固，水平、垂直度应符合说明书要求。主走道侧必须对齐成直线。机架上的各种零件不应脱落或损坏，标志应正确、清晰、齐全。机架应有防振措施。操作台位置正确，台面保持水平。

（2）敷设电缆或光缆

电缆或光缆规格应符合设计要求，电缆应绝缘性好、外皮完整、无破损。电缆或光缆布放的路由、位置、截面积和数量应符合施工图样要求。捆绑电缆应牢固、松紧适度、平直、端正，捆扎线扣整齐一致，转弯应均匀、圆滑，曲率半径应大于电缆直径的10倍，同类型电缆弯度应一致。槽道内电缆应顺直，无火团扭绞和交叉，电缆不允许溢出槽道。电源电缆和通信电缆宜分开走道敷设。

软光纤应采用专用塑料线槽敷设，与其他缆线交叉时应采用穿管保护，敷设光缆时不得产生小圈。施工时，有时其光纤内可能有激光光束，故其端面不得正对眼睛，以免灼伤。电缆或光缆两端应做好标记。

施工前应对电缆长度进行计算，也可实行拉放法，避免长度不够或过长而造成浪费。

（3）插接架间电缆及布线

电线、电缆路由应符合设计和厂家的要求。分线、穿线、绕接电缆芯线、敷设电源线等均应符合规程。

（4）安装总配线架

总配线架的位置应符合设计规定。铁架应良好接地，报警装置完整、可靠，安装固定可靠、整齐美观。

(5) 跳线

跳线的依据是设计提供的大对数表，通过跳线将程控交换机和市话局以及电话用户连接起来，完成完整的通信网络。

传统 2 芯线电话机与综合布线系统之间的连接，通常是在各部电话机的输出线端头上装配一个 RJ11 插头，然后将其插在信息出线盒面板的 8 芯插孔上即可使用。

数字用户交换机（PABX）与综合布线之间通过当地电话局中继线引入建筑物后经系统配线架外侧上保护装置后跳接至内侧配线架与用户交换机设备连接。用户交换机与分机电话之间通过在系统配线架上几次交叉连接后，构成分机电话线路。

三、制订工作计划

1. 根据现场勘察情况及住宅电气线路要求，制订施工进度计划，进行小组成员的合理分工。

2. 写出完成该项工作任务的步骤。

3. 根据住宅电气线路安装施工需要，列出材料清单。

材 料 清 单

日期：__________　　领料人：__________

序号	名称	型号规格	数量	备注
1				
2				
3				
4				
5				
6				
7				
8				
9				
10				
11				
12				

4. 根据住宅电气线路安装施工需要，列出施工工具清单。

施工工具清单

日期：__________　　制表人：__________

序号	名称	型号规格	数量	用途
1				
2				

续表

序号	名称	型号规格	数量	用途
3				
4				
5				
6				
7				
8				
9				
10				

学习活动3　现 场 施 工

学习目标

1. 能掌握住宅用电线路的安装方法与技巧。
2. 能正确进行施工后的项目验收自检。

建议学时：30 学时

学习过程

一、现场施工

1. 回顾前面任务所学内容，写出所选线路敷设方式的基本步骤、工艺要点。

2. 本任务涉及线路较多，强电、弱电布线有哪些注意事项？

3. 我国低压配电系统的接地保护分为几类？什么是保护接地？其作用是什么？

4. 施工进度

施工进度记录表

日期	施工内容	出现的问题及解决方法

5. 对敷设线路进行电气检测，并记录。

<table>
<tr><th>项目</th><th>仪表</th><th>阻值</th><th>备注</th></tr>
<tr><td>线路的直流电阻</td><td>万用表</td><td></td><td></td></tr>
<tr><td rowspan="2">线路的绝缘电阻</td><td rowspan="2">兆欧表</td><td>导线与地面（镀锌钢管）之间绝缘电阻：</td><td rowspan="2"></td></tr>
<tr><td>管内导线间绝缘电阻：</td></tr>
</table>

二、施工后自检

1. 低压电路的送电如何操作?

2. 若出现合不上闸的现象，应如何处理?

3. 若出现某个线路没电的现象，应如何处理?

4. 根据工作任务单中的验收项目，组与组之间进行模拟验收。

学习活动 4　工作总结与评价

学习目标

1. 能以小组形式总结学习成果并进行汇报展示。
2. 能结合自身任务完成情况，正确撰写工作总结。
3. 完成对学习过程进行的综合评价。

建议学时：2 学时

学习过程

一、成果展示

以小组为单位，选择演示文稿、展板、海报、录像等形式中的一种或几种，向全班展示、汇报学习成果。

二、自评总结

1. 回顾在完成住宅电气线路的设计与安装过程中主要学到了什么？

2. 在进行住宅电气线路的设计与安装时要考虑哪些非专业技术因素？

评价与分析

学习任务四总评表

评价项目	评价内容	评价标准	评价方式		
			自我评价	小组评价	教师评价
职业素养	安全意识、责任意识	A 作风严谨、自觉遵章守纪、出色完成工作任务 B 能够遵守规章制度、较好完成工作任务 C 遵守规章制度、没完成工作任务或完成工作任务、但忽视规章制度 D 不遵守规章制度、没完成工作任务			
	学习态度	A 积极参与学习活动，全勤 B 缺勤达本任务总学时的 10% C 缺勤达本任务总学时的 20% D 缺勤达本任务总学时的 30%			
	团队合作意识	A 与同学协作融洽、团队合作意识强 B 与同学能沟通、协同工作能力较强 C 与同学能沟通、协同工作能力一般 D 与同学沟通困难、协同工作能力较差			

续表

<table>
<tr><th rowspan="2">评价项目</th><th rowspan="2">评价内容</th><th rowspan="2">评价标准</th><th colspan="3">评价方式</th></tr>
<tr><th>自我评价</th><th>小组评价</th><th>教师评价</th></tr>
<tr><td rowspan="3">专业能力</td><td>学习活动 1</td><td>A 按时完成学习活动的任务，回答问题正确
B 按时完成学习活动的任务，回答问题比较正确
C 未按时完成学习活动的任务，或回答问题内容遗漏、错误较多
D 未完成学习活动的任务</td><td></td><td></td><td></td></tr>
<tr><td>学习活动 2</td><td>A 按时完成学习活动的任务，回答问题正确
B 按时完成学习活动的任务，回答问题比较正确
C 未按时完成学习活动的任务，或回答问题内容遗漏、错误较多
D 未完成学习活动的任务</td><td></td><td></td><td></td></tr>
<tr><td>学习活动 3</td><td>A 按时完成学习活动的任务，回答问题正确
B 按时完成学习活动的任务，回答问题比较正确
C 未按时完成学习活动的任务，或回答问题内容遗漏、错误较多
D 未完成学习活动的任务</td><td></td><td></td><td></td></tr>
<tr><td colspan="2">创新能力</td><td>学习过程中提出具有创新性、可行性的建议</td><td colspan="3">加分奖励：</td></tr>
<tr><td colspan="2">学生姓名</td><td></td><td>综合评价等级</td><td colspan="2"></td></tr>
<tr><td colspan="2">指导教师</td><td></td><td>日期</td><td colspan="2"></td></tr>
</table>

学习任务五 低压配电线路的维修与改造

学习目标

1. 能阅读工作任务单，明确工时、工艺要求和工作内容。

2. 能勘察施工现场，描述施工现场特征。

3. 能掌握检测和发现低压配电线路故障隐患的方法，分析低压配电线路的故障现象。

4. 能根据勘察施工现场发现的低压配电线路故障现象，制订施工方案。

5. 能列举所需工具和材料清单，准备工具，领取材料。

6. 能查阅参考资料，熟悉应用必要的标识和隔离措施，准备现场工作环境。

7. 能掌握排除故障的方法与技巧。

8. 能按规程进行施工后的项目验收自检。

9. 能以小组形式总结学习成果并进行汇报展示，并结合自身任务完成情况，正确撰写工作总结。

10. 能完成对学习过程进行的综合评价。

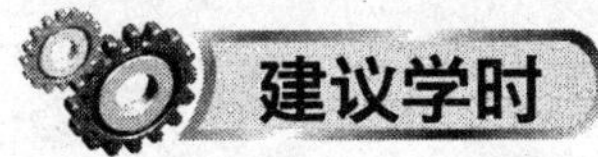

40 学时。

工作情境描述

校办工厂的机加工车间低压配电线路使用年限较长，线路劣化，部分设备地下穿线管进水，导致电源短路无法送电，需要进行低压配电线路的维修与改造，要求维修电工班在 8 个工作日之内完成该项工作。维修电工班同意接收该项工作任务，在规定期限内对其进行改造，完成后交有关人员验收。

工作流程与活动

1. 明确工作任务，勘察施工现场（6学时）
2. 工作准备（8学时）
3. 现场施工（24学时）
4. 工作总结与评价（2学时）

学习活动1　明确工作任务，勘察施工现场

学习目标

1. 能阅读工作任务单，明确工时、工艺要求和工作内容。

2. 能勘察施工现场，描述施工现场特征，正确选择和实施安全措施。

建议学时：6 学时

学习过程

一、阅读工作任务单，明确工作任务

认真阅读工作情境描述，用自己的语言填写维修工作任务单。

工作任务单

No. 0010　　　　年　月　日

<table>
<tr><td rowspan="3">报修项目</td><td>维修地点</td><td>校办工厂机加工车间</td><td>报修人</td><td></td><td>联系电话</td><td></td></tr>
<tr><td colspan="6">报修事项：校办工厂的机加工车间低压配电线路使用年限较长，线路老化，部分设备地下穿线管进水，导致电源短路无法送电，需要进行低压配电线路的维修与改造，要求维修电工班在8个工作日内完成该项工作</td></tr>
<tr><td>报修时间</td><td></td><td>要求完成时间</td><td></td><td>派单人</td><td></td></tr>
<tr><td rowspan="4">维修项目</td><td>接单人</td><td></td><td>维修开始时间</td><td></td><td>维修完成时间</td><td></td></tr>
<tr><td colspan="6">所需材料：</td></tr>
<tr><td colspan="2">维修部位</td><td colspan="2"></td><td>维修人员签字</td><td></td></tr>
<tr><td colspan="2">维修结果</td><td colspan="2"></td><td>班组长签字</td><td></td></tr>
</table>

续表

<table>
<tr><td rowspan="6">验收项目</td><td colspan="2">维修人员工作态度是否端正：是□ 否□</td></tr>
<tr><td colspan="2">本次维修是否已解决问题：是□ 否□</td></tr>
<tr><td colspan="2">是否按时完成：是□ 否□</td></tr>
<tr><td colspan="2">客户评价：非常满意□ 基本满意□ 不满意□</td></tr>
<tr><td colspan="2">客户意见或建议：</td></tr>
<tr><td>客户签字</td><td></td></tr>
</table>

二、勘察施工现场

1. 通过勘察施工现场，画出故障设备单线供电系统草图。

2. 故障设备供电线路采用哪种敷设方式？

3. 故障设备供电线路采用导线的型号是什么？该导线是否具备防水功能？

4. 依据现场勘察情况，将故障设备情况填入下表。

序号	设备名称	设备额定负荷	相数	设备工作制
1				
2				
3				
4				
5				

5. 你认为现场还有哪些内容需要进行勘察?

学习活动2 工作准备

学习目标

1. 掌握检测和发现低压配电线路故障隐患的方法，分析低压配电线路的故障现象。

2. 查阅学习作业规程资料，根据勘察施工现场所了解到的低压配电线路故障现象制订施工方案。

3. 能根据勘察的施工现场情况和制订的工作计划，列举所需工具和材料清单，准备工具，领取材料。

4. 能查阅参考资料，熟悉应用必要的标识和隔离措施，准备现场工作环境。

建议学时：8学时

学习过程

一、分析低压配电线路故障现象

1. 故障现象的观察方法有哪些?

2. 低压配电线路常见故障是什么？如何进行防范？

3. 此次工作任务中低压配电线路的故障现象和原因是什么？

4. 地下穿线管进水的原因是什么？

5. 选择低压配电线路导线的主要依据是什么？

6. 故障设备现用导线选用是否合理？为什么？

二、制订施工方案，准备施工工具及材料

1. 配电线路更换导线作业包括哪几步？

2. 配电线路维修与改造的质量如何评价？

3. 配电线路维修与改造的安全注意事项有哪些？

4. 如让你负责，怎样组织完成这项工作？具体应考虑哪些问题？

5. 本次施工你采用哪种施工方法？如何安排施工进度？

6. 制订一份工作计划。

7. 列出施工需用材料清单。

材料清单

日期：____________　　领料人：____________

序号	名称	型号规格	数量	备注
1				
2				
3				
4				
5				
6				

续表

序号	名称	型号规格	数量	备注
7				
8				
9				
10				
11				
12				

8. 列出施工工具清单。

施工工具清单

日期：____________ 制表人：____________

序号	名称	型号规格	数量	用途
1				
2				
3				
4				
5				
6				
7				
8				
9				
10				

学习活动3　现 场 施 工

学习目标

1. 能根据低压配电线路常见故障现象，掌握排除故障的方法与技巧。

2. 能按电工作业规程完成施工后的清理工作，进行项目验收。

3. 能正确填写工作任务单的验收项目并交付验收。

建议学时：24 学时

学习过程

一、现场施工

1. 根据施工现场特点，应采取哪些安全、文明作业措施？

2. 施工现场临时需要用电怎么办?

3. 写出线路更换安装流程。

4. 如何清理地下穿线管中的积水?

5. 地下线管穿线的工艺要求是什么?

小提示

回忆照明电路敷设相关知识，回答上述问题，同时在施工中严格按照工艺要求进行操作。

二、施工后自检

1. 需要进行哪些项目的自检?

2. 线路更换后是否需要进行绝缘电阻的测量? 测量绝缘电阻时应使用哪种测量仪表? 绝缘电阻的正常数值是多少?

3. 利用万用表进行电气检测并记录。

4. 利用兆欧表进行电气检测并记录。

5. 如果地下穿线管还有进水的可能，还可以使用哪种导线？选择其具体型号。

6. 施工验收有哪些程序项目？具体内容是什么？

7. 查阅相关资料，在指导教师的帮助下编制（简单）验收报告书。

8. 验收过程中遇到了哪些问题？是如何解决的？

验收过程问题记录表

验收问题记录	整改措施	完成时间	备注

学习活动 4　工作总结与评价

学习目标

1. 能以小组形式总结学习成果并进行汇报展示。
2. 能结合自身任务完成情况，正确撰写工作总结。
3. 完成对学习过程进行的综合评价。

建议学时：2 学时

学习过程

一、成果展示

以小组为单位，选择演示文稿、展板、海报、录像等形式中的一种或几种，向全班展示、汇报学习成果。

二、自评总结

1. 回顾在完成低压配电线路的维修与改造过程中主要学到了什么?

2. 在进行低压配电线路的维修与改造时要考虑哪些非专业技术因素?

评价与分析

学习任务五总评表

评价项目	评价内容	评价标准	评价方式		
			自我评价	小组评价	教师评价
职业素养	安全意识、责任意识	A 作风严谨、自觉遵章守纪、出色完成工作任务 B 能够遵守规章制度、较好完成工作任务 C 遵守规章制度、没完成工作任务或完成工作任务、但忽视规章制度 D 不遵守规章制度、没完成工作任务			
	学习态度	A 积极参与学习活动，全勤 B 缺勤达本任务总学时的 10% C 缺勤达本任务总学时的 20% D 缺勤达本任务总学时的 30%			
	团队合作意识	A 与同学协作融洽、团队合作意识强 B 与同学能沟通、协同工作能力较强 C 与同学能沟通、协同工作能力一般 D 与同学沟通困难、协同工作能力较差			

续表

<table>
<tr><th rowspan="2">评价项目</th><th rowspan="2">评价内容</th><th rowspan="2">评价标准</th><th colspan="3">评价方式</th></tr>
<tr><th>自我评价</th><th>小组评价</th><th>教师评价</th></tr>
<tr><td rowspan="3">专业能力</td><td>学习活动 1</td><td>A 按时完成学习活动的任务，回答问题正确
B 按时完成学习活动的任务，回答问题比较正确
C 未按时完成学习活动的任务，或回答问题内容遗漏、错误较多
D 未完成学习活动的任务</td><td></td><td></td><td></td></tr>
<tr><td>学习活动 2</td><td>A 按时完成学习活动的任务，回答问题正确
B 按时完成学习活动的任务，回答问题比较正确
C 未按时完成学习活动的任务，或回答问题内容遗漏、错误较多
D 未完成学习活动的任务</td><td></td><td></td><td></td></tr>
<tr><td>学习活动 3</td><td>A 按时完成学习活动的任务，回答问题正确
B 按时完成学习活动的任务，回答问题比较正确
C 未按时完成学习活动的任务，或回答问题内容遗漏、错误较多
D 未完成学习活动的任务</td><td></td><td></td><td></td></tr>
<tr><td colspan="2">创新能力</td><td>学习过程中提出具有创新性、可行性的建议</td><td colspan="3">加分奖励：</td></tr>
<tr><td colspan="2">学生姓名</td><td>综合评价等级</td><td colspan="3"></td></tr>
<tr><td colspan="2">指导教师</td><td>日期</td><td colspan="3"></td></tr>
</table>